Gizem Şanlı

# Caracterização de filmes finos de CIS preparados electroquimicamente

Gizem Şanlı

# Caracterização de filmes finos de CIS preparados electroquimicamente

ScienciaScripts

**Imprint**

Any brand names and product names mentioned in this book are subject to trademark, brand or patent protection and are trademarks or registered trademarks of their respective holders. The use of brand names, product names, common names, trade names, product descriptions etc. even without a particular marking in this work is in no way to be construed to mean that such names may be regarded as unrestricted in respect of trademark and brand protection legislation and could thus be used by anyone.

Cover image: www.ingimage.com

This book is a translation from the original published under ISBN 978-620-2-30332-3.

Publisher:
Sciencia Scripts
is a trademark of
Dodo Books Indian Ocean Ltd. and OmniScriptum S.R.L publishing group

120 High Road, East Finchley, London, N2 9ED, United Kingdom
Str. Armeneasca 28/1, office 1, Chisinau MD-2012, Republic of Moldova, Europe
Managing Directors: Ieva Konstantinova, Victoria Ursu
info@omniscriptum.com

Printed at: see last page
**ISBN: 978-620-3-31243-0**

# ÍNDICE DE CONTEÚDOS

## **RESUMO**

À medida que a procura de energia no mundo aumenta, é efectuada uma investigação cada vez mais aprofundada sobre as fontes de energia renováveis. O desenvolvimento de tecnologias fiáveis e de baixo custo para a utilização de fontes de energia renováveis é o principal objetivo de muitos tópicos de investigação. Estão em curso várias investigações para desenvolver dispositivos fotovoltaicos eficientes que são utilizados para converter a energia solar diretamente em eletricidade.

A nova geração de células solares de película fina está a substituir rapidamente as tradicionais células solares de Si, porque é necessário menos material e podem ser produzidas a um custo inferior. Entre os materiais das células solares de película fina, o CIS tem atraído a investigação devido ao seu elevado potencial, tendo um "band-gap" direto dentro da região de absorção solar máxima, um elevado coeficiente de absorção e propriedades eléctricas e ópticas adequadas para a produção, como foi demonstrado pela eficiência de conversão de ~20%.

O mecanismo de funcionamento dos dispositivos CIS não é bem compreendido e as causas dos defeitos na estrutura eléctrica não são bem conhecidas. Os defeitos estruturais, os princípios da física do estado sólido, os métodos de fabrico, o funcionamento do dispositivo e as perdas de eficiência encontradas em condições laboratoriais devem ser estudados a fim de conceber e fabricar células solares de elevada eficiência. O objetivo deste estudo é investigar e avaliar as células solares CIS preparadas por eletrodeposição e determinar as condições em que as células funcionam de forma mais eficiente.

A eletrodeposição foi realizada numa célula eletroquímica utilizando um sistema padrão de três eléctrodos. O elétrodo de referência era um elétrodo de calomelano saturado, o contra elétrodo era uma gaze de Pt e o elétrodo de trabalho era um substrato de vidro de cal sodada revestido com ITO. As películas foram depositadas num banho sem agitação durante 15 minutos à temperatura ambiente, a -650mV, conforme determinado por voltamogramas cíclicos. As películas depositadas foram lavadas com água destilada, secas com gás $N_2$ e selenizadas com Ar a 400°C. As propriedades estruturais e ópticas dos filmes foram analisadas por espetroscopia UV, difração de raios X e microscopia eletrónica de varrimento.

# CAPÍTULO 1

## 1. INTRODUÇÃO

Juntamente com o crescimento da industrialização e a expansão da população, prevê-se que a procura de energia no mundo aumente rapidamente nas próximas décadas [1]. Atualmente, a maior parte da eletricidade é produzida a partir de combustíveis fósseis. O rápido consumo das fontes limitadas e o aumento da poluição ambiental têm atraído mais atenção para as fontes de energia limpas e renováveis.

Devido à necessidade de fontes de energia renováveis, limpas e de baixo custo, a conversão direta da energia solar em energia eléctrica através de células solares é atualmente um tema de investigação importante. As células solares são fáceis de instalar e utilizar e têm um longo tempo de vida útil, o que elimina a necessidade de manutenção contínua. Devido à sua fiabilidade e estabilidade, a energia solar combinada com dispositivos de armazenamento de curto prazo é uma boa opção para a produção de eletricidade [2].

Existem dois tipos de células solares: as tradicionais de Si e as de película fina de nova geração. Apesar de apresentarem eficiências de conversão mais elevadas, as células solares de Si tradicionais estão a ser rapidamente substituídas pelas células solares de nova geração, uma vez que é necessário menos material e podem ser produzidas a um custo inferior. Entre os materiais das células solares de película fina, o Cu(In,Ga)Se tem atraído uma atenção especial na investigação devido ao seu elevado potencial, tendo um "band-gap" direto dentro da região de absorção solar máxima, um elevado coeficiente de absorção e propriedades eléctricas e ópticas adequadas para a produção, como foi demonstrado pela eficiência de conversão de ~20% [3].

Existe uma grande variedade de tecnologias para a produção de películas finas à base de CIS, tais como técnicas de evaporação física e de pulverização catódica, bem como métodos químicos. Embora as duas primeiras técnicas de alto vácuo tenham permitido obter eficiências mais elevadas, são indesejáveis devido aos seus requisitos térmicos/criogénicos dispendiosos e à complexidade dos processos [4]. Por outro lado, os métodos electroquímicos são adequados, com vantagens científicas, tecnológicas e económicas. O método eletroquímico mais simples é a eletrodeposição e merece especial atenção porque demonstrou ser um método sem vácuo, barato, não poluente, facilmente escalável e com uma elevada velocidade de deposição [4-6]. Foram obtidas eficiências de até 15,4% pela técnica de eletrodeposição [7].

O mecanismo de funcionamento dos dispositivos desta película à base de CIS não é bem compreendido e as causas dos defeitos na estrutura eléctrica não são bem conhecidas. Os defeitos estruturais, os princípios da física do estado sólido, os métodos de fabrico, o funcionamento do dispositivo e as perdas de eficiência encontradas em condições laboratoriais devem ser estudados a fim de conceber e fabricar células solares de elevada eficiência.

O objetivo deste estudo é investigar e avaliar as propriedades eléctricas e ópticas de células solares baseadas em CIS preparadas por eletrodeposição e determinar as condições em que as células funcionam de forma mais eficiente.

## 1.1 Técnicas experimentais

### 1.1.1 Voltametria cíclica

A voltametria cíclica é uma técnica eletroquímica utilizada para estudar o processo que ocorre na interface elétrodo-eletrólito. A gama de potencial é percorrida num ciclo, começando no potencial inicial, sendo invertida no potencial final e terminando no potencial inicial. Aplica-se o potencial entre o elétrodo de referência e o elétrodo de trabalho e mede-se a corrente entre o elétrodo de trabalho e o contra-elétrodo. Os dados recolhidos são representados como corrente vs. potencial. Durante o varrimento do potencial, quando o potencial atinge o potencial de redução do composto no eletrólito, o composto é reduzido e a corrente aumenta; mas depois diminui à medida que a concentração de iões na superfície do elétrodo diminui. Como resultado, é possível determinar o potencial de redução de um determinado material a depositar. [6]

Os potenciais de redução dos materiais utilizados nas experiências foram determinados por medidas de voltametria cíclica utilizando Volta-Lab PGZ

301.

### 1.1.2 Coulometria potenciostática

A coulometria é um método analítico que permite medir a quantidade de matéria transformada durante uma reação de eletrólise através da medição da quantidade de corrente que atravessa o circuito.

Em princípio, desde que o volume da célula seja conhecido com exatidão e a eletrólise seja levada a cabo até ao fim, a carga correspondente é um determinante absoluto da quantidade e concentração do analito [24].

Na coulometria potenciostática, o potencial elétrico do elétrodo de trabalho é mantido constante durante a reação, utilizando um potetiostato. A transferência de massa dos compostos da solução para a superfície do elétrodo é medida como a corrente que flui através do circuito, em Coulombs.

Nas experiências, as medições de coulometria potenciostática foram efectuadas a -650mV utilizando o Volta-Lab PGZ 301.

### 1.1.3 Espectroscopia ultravioleta-visível

Na espetroscopia UV-Vis, é utilizada luz na região do visível e do ultravioleta próximo e as propriedades ópticas, como a absorvância, a transmitância e a reflectância, são medidas em função do comprimento de onda. O princípio de funcionamento do espetrofotómetro é o seguinte:

Num espetrofotómetro de feixe duplo, a luz é dividida em dois feixes. Um feixe passa através da célula de referência (não depositada) e o outro feixe passa através da amostra (célula depositada). As intensidades dos dois feixes são medidas e o rácio dos dois feixes é calculado como absorvância (%A) ou transmitância (%T).

$$A= \ln (I_0/I) = -\ln T \qquad (1.1)$$

em que $I_0$ é a intensidade da luz que atravessa a célula de referência e I é a intensidade da luz que atravessa a amostra.

Os valores obtidos nas ópticas são utilizados para calcular o coeficiente de absorção da amostra através da seguinte fórmula

$$\alpha = \frac{\ln\left[T/(1\text{-}R)^2\right]}{d} \qquad (1.2)$$

em que T é a transmitância ótica (%), R é a reflectância (%) e d é a espessura da película (cm) [3].

Além disso, o intervalo de banda da amostra é calculado utilizando a seguinte equação

$$\alpha = \frac{A}{h\vartheta} \sqrt{(h\vartheta - E_g)} \qquad (1.3)$$

onde A é uma constante, dependendo do índice de refração do material, hv é a energia de radiação e $E_g$ é a energia de transição [20].

A absorvância ótica da camada CIS electrodepositada foi medida pelo espetrofotómetro T80+ UV/VIS.

### 1.1.4 Difração de raios X

A difração de raios X (XRD) é uma técnica poderosa utilizada para identificar as estruturas cristalinas dos materiais e para medir as propriedades estruturais das fases na estrutura.

As amostras são irradiadas com raios X colimados e dispersas de acordo com a estrutura cristalina das amostras. A XRD é uma interferência construtiva das ondas dispersas. A partir do padrão de difração, é possível calcular o tamanho e a simetria da estrutura cristalina.

As películas finas policristalinas podem ter uma distribuição de orientações, o que influencia as propriedades da película fina. E o XRD é um método ideal para utilizar, uma vez que é uma técnica sem contacto e não destrutiva.

A utilização mais importante do XRD de película fina é a identificação de fases. Para películas que possuem várias fases, a proporção de cada fase pode ser determinada a partir das intensidades integradas no padrão de difração.

As medições de caraterização, utilizando o XRD Philips PW 3710, foram efectuadas na Faculdade de Engenharia Química e Metalúrgica da UIT.

### 1.1.5 Microscopia eletrónica de varrimento

A microscopia eletrónica de varrimento (MEV) é uma técnica útil utilizada para analisar a morfologia da superfície de uma amostra à escala de centenas de $\mu$m a sub $\mu$m. As dimensões e formas dos grãos das películas absorventes podem ser determinadas por MEV.

A análise de imagens é feita através da focagem de um feixe de electrões numa sonda e do seu varrimento sobre a superfície da amostra. São obtidas imagens de electrões secundários e de retrodifusão, que fornecem a informação topográfica da superfície.

As medições de caraterização SEM foram efectuadas, utilizando JOEL JCM 7000F, na Faculdade de Engenharia Química e Metalúrgica da UIT.

### 1.1.6 Espectroscopia de energia dispersiva

A espetroscopia de energia dispersiva (EDS) é uma técnica analítica utilizada para a análise elementar ou a caraterização química de uma amostra. Permite a identificação de elementos específicos e das suas proporções relativas.

Um sistema EDS ligado ao SEM utiliza os raios X caraterísticos emitidos pela amostra quando esta é irradiada pelo feixe de electrões. Uma vez que os raios X caraterísticos têm energias únicas de acordo com a concha de cada átomo, o EDS pode ser utilizado para análise qualitativa e quantitativa da amostra.

As medições EDS foram efectuadas, utilizando o JOEL JCM 7000F, na Faculdade de Engenharia Química e Metalúrgica da UIT.

# CAPÍTULO 2

## 2. FOTOVOLTAICA

### 2.1 História

O efeito fotovoltaico, que consiste na criação de uma corrente eléctrica num material por exposição à luz, foi observado pela primeira vez em 1839 por Alexandre-Edmond Becquerel, ao fazer experiências com uma célula electrolítica constituída por dois eléctrodos metálicos. No entanto, só em 1883 é que foi construída a primeira célula fotovoltaica, por Charles Fritts. Fritts revestiu o semicondutor selénio com uma camada extremamente fina de ouro para formar as junções do dispositivo, que tinha uma eficiência inferior a 1%.

As células solares tornaram-se um tema de investigação mais interessante a partir de 1941, quando Russell Ohl desenvolveu a primeira célula de junção p-n de silício. Em 1954, nos Bell Labratories, D. Chapin, C. Fuller e G. Pearson fabricaram células fotovoltaicas modernas com 6% de eficiência [8]. Em 18 meses, conseguiram desenvolver células com 10% de eficiência [9].

### 2.2 Física das células solares

Uma célula solar é um dispositivo fotovoltaico que converte a luz solar diretamente em eletricidade. Trata-se basicamente de um díodo de heterojunção p-n, devido ao contacto entre a camada absorvente e a camada tampão da célula. Estas camadas são fabricadas a partir de uma variedade de

semicondutores e o mecanismo de funcionamento do dispositivo pode ser

compreendido aplicando os princípios básicos da física dos semicondutores.

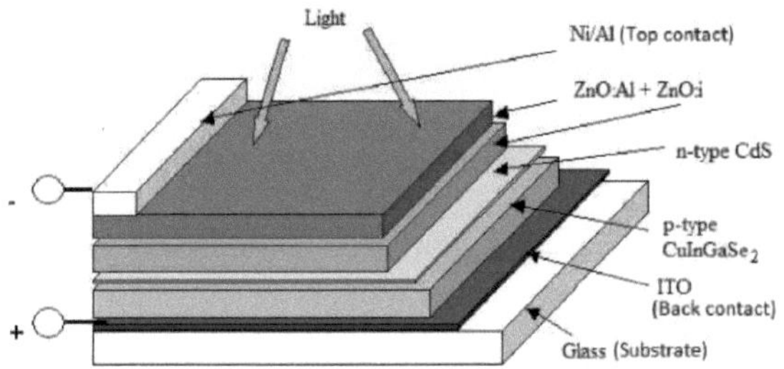


**Figura 2.1:** Estrutura da célula solar Cu(In,Ga)Se$_2$.

A figura 2.1 mostra a estrutura esquemática das células solares

Cu(In,Ga)Se$_2$.

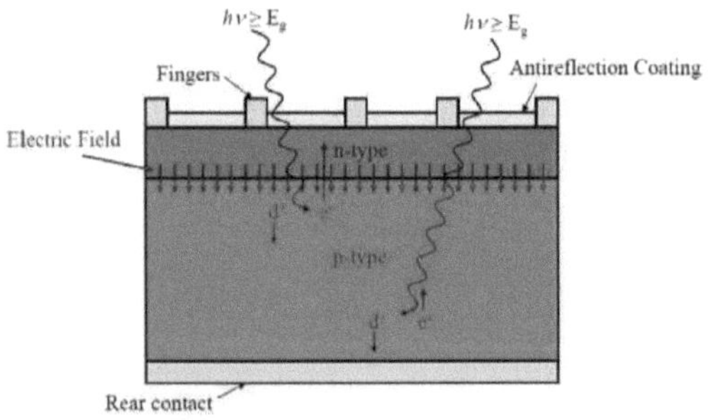


**Figura 2.2:** Geração de portadores de carga.

Quando a célula solar é exposta à radiação solar, a camada absorvente na

célula solar (CIS) absorve a luz solar e os fotões com energias superiores à

energia do intervalo de banda do semicondutor são convertidos em pares de electrões-buracos através da junção (região de depleção). Estes pares de electrões e buracos, também chamados portadores de carga, são separados pelo campo elétrico interno da junção, criando corrente contínua[2]. A geração de portadores de carga é mostrada na Figura 2.2.

## 2.3 Células solares de película fina

As eficiências mais elevadas na indústria fotovoltaica são alcançadas pelas células solares de silício cristalino. Estas células estão prontamente disponíveis como matéria-prima, não são tóxicas, são fiáveis e são fabricadas com uma tecnologia de processamento madura [10]. Mas têm processos de fabrico complexos e custos de produção elevados. Atualmente, as tecnologias de película fina estão a ser amplamente investigadas por muitos investigadores para diminuir os custos de produção das células solares, reduzindo a quantidade de material utilizado e aplicando métodos de fabrico de baixo custo [11]. Outra razão pela qual são vantajosas é o facto de poderem ser transformadas em módulos flexíveis e leves em substratos alternativos [12].

Quando se examinam os materiais fotovoltaicos disponíveis, verifica-se que os materiais de película fina mais promissores e comuns são o silício amorfo (a-Si) ou os materiais policristalinos, como o CdTe, o CIS e o CIGS, devido aos seus valores adequados de bandgap e elevados coeficientes de absorção, bem como à possibilidade de serem cultivados numa grande variedade de materiais de substrato [13].

Uma diferença importante a assinalar entre os dispositivos tradicionais de silício cristalino e os dispositivos de película fina policristalina, para além da espessura necessária para uma absorção suficiente, é o tipo de junção. Os dispositivos de silício são compostos por homojunções p-n, enquanto as películas policristalinas são feitas de heterojunções p-n formadas entre o material absorvente ativo e uma camada de janela [12].

# CAPÍTULO 3

## 3. películas finas de cu(in,ga)se2

## 3.1 Propriedades estruturais

O Cu(In,Ga)Se2 pertence ao grupo de compostos I-III-VI. Tanto o CuInSe2 como o $CuGaSe_2$ são ligas semicondutoras com estruturas de rede de calcopirite. Podem ser misturados em qualquer proporção para formar películas de $Cu(In,Ga)Se_2$ que são muito tolerantes a variações de composição. Quando combinados na liga, o In e o Ga ocupam os mesmos sítios na rede e a sua proporção no cristal é determinada pela concentração da liga.

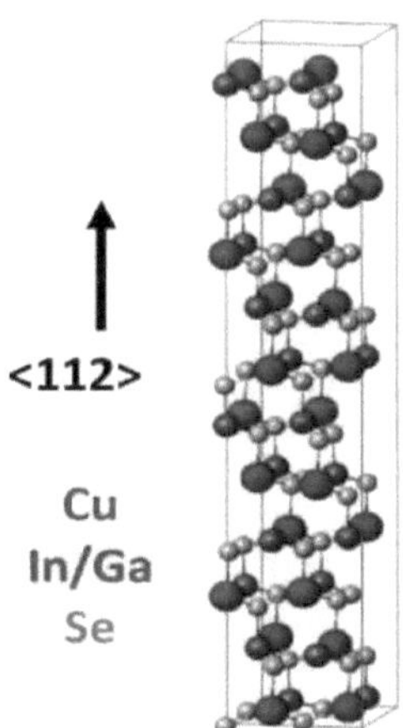


**Figura 3.1:** Estrutura atómica do Cu(In,Ga)Se2.

A estrutura da rede de $Cu(In,Ga)Se_2$ é apresentada na Figura 3.1. As esferas azuis representam o Cu, as esferas vermelhas o In ou o Ga dependendo da composição da liga e as esferas cinzentas mostram o Se.

A inclusão de gálio na camada absorvente de $Cu(In,Ga)Se_2$ tem o efeito de ajustar o bandgap de 1,0 eV para $CuInSe_2$ para 1,7eV para $CuGaS_2$ [4].

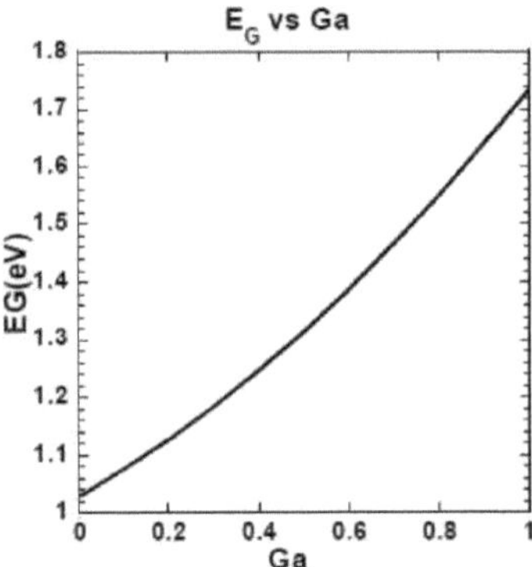


**Figura 3.2:** $E_G$ VS Ga

A Figura 3.2 mostra a alteração do valor do intervalo de bandas em função da adição de Ga à liga.

## 3.2 Propriedades eléctricas

Com uma estrutura de calcopirite, as películas de $Cu(In,Ga)Se_2$ apresentam vários estados de defeito que são controlados pela variação da composição e, por conseguinte, por defeitos induzidos. Devido a estes defeitos intrínsecos, a estrutura do $Cu(In,Ga)Se_2$ não é totalmente compreendida e o estudo das propriedades eléctricas é difícil. Mas como vantagem, o intervalo de banda pode ser variado, o que pode ser útil para encontrar a composição óptima do material absorvente. Os estados de defeito dentro do intervalo variam significativamente consoante os métodos de crescimento da camada [14].

Os filmes de Cu(In,Ga)Se$_2$ podem ser do tipo p ou do tipo n, dependendo do rácio Cu/In e da quantidade de Se [5,15]. As películas depositadas num ambiente rico em Se tornar-se-ão do tipo p. Para dispositivos fotovoltaicos de alta qualidade, são utilizados semicondutores Cu(In,Ga)Se$_2$ do tipo p [15].

A relação Cu/In das películas também afecta linearmente a concentração de portadores de carga, bem como a condutividade [5].

## 3.3 Propriedades ópticas

As películas de Cu(In,Ga)Se2 têm desníveis de banda diretos, o que significa que a luz é absorvida de forma mais eficiente em comparação com as células solares de Si, que têm desníveis de banda indirectos. Ter um intervalo de banda direto significa que um fotão pode ser emitido diretamente por um eletrão sem perda de momento e, consequentemente, o material tem um elevado coeficiente de absorção.

$$E_{g(x)} = 1.010 + 0.626 - bx(1-x) \tag{3.1}$$

onde b é o coeficiente de curvatura [4].

A fórmula para calcular o coeficiente de absorção de um material de má abertura direta é a seguinte

$$\alpha = \frac{\ln\left[T/(1-R)^2\right]}{d} \qquad (3.2)$$

O valor do intervalo de banda do $CuIn_xGa_{1-x}Se_2$, pode ser calculado de acordo com a relação: onde T é a transmitância ótica (%), R é a reflectância (%) e d é a espessura da película (cm) [4].

Para as películas de $Cu(In,Ga)Se_2$, o intervalo de banda varia entre cerca de 1,0 eV e 1,7 eV, dependendo da concentração de Ga, e o coeficiente de absorção é de $10^5 \, cm^{-1}$. A capacidade de controlar o intervalo de banda torna possível a produção de dispositivos com intervalo de banda graduado, o que ajuda a melhorar a tensão de circuito aberto e a corrente de curto-circuito [16].

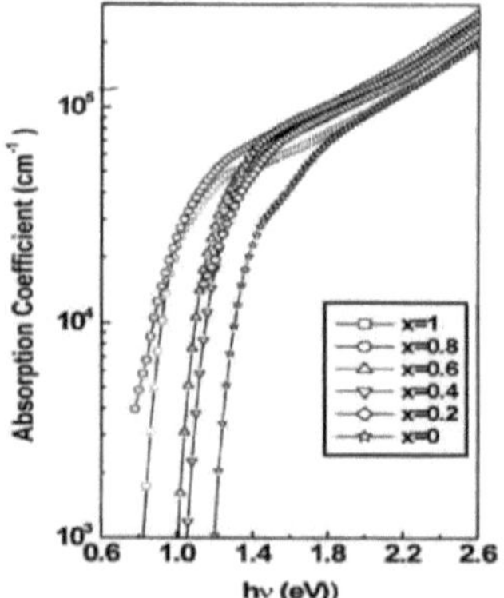


**Figura 3.3:** Coeficiente de absorção de $CuIn_\chi Ga_{1-\chi}Se_2$ (x=1,0,8 0,6,0,4, 0,2 e 0) [17]

A Figura 3.3 mostra a variação do coeficiente de absorção ótica do $Cu(In,Ga)Se_2$ em função da energia do fotão incidente.

# CAPÍTULO 4

## 4. métodos de deposição em película fina de cu(in,ga)se2

Além de tentar melhorar as eficiências de conversão das células solares, outro objetivo importante da indústria fotovoltaica é a investigação de técnicas de deposição para fabricar dispositivos de grande área de forma prática e a baixo custo.

De um modo geral, o método de deposição desempenha um papel significativo nas propriedades da película resultante, bem como no custo de produção. As películas finas de Cu(In,Ga)Se2 podem ser preparadas a partir das fases gasosa e líquida por métodos de deposição físicos ou químicos. Há uma variedade de técnicas que estão atualmente a ser investigadas. Os métodos comuns de deposição de películas finas para células solares baseadas em CIS são a co-evaporação a partir de fontes elementares, a selenização de camadas metálicas precursoras, a evaporação a partir de fontes compostas, a deposição química de vapor, o transporte de vapor em espaço fechado e os métodos de fase líquida a baixa temperatura, como a eletrodeposição, a pirólise por pulverização e as técnicas de deposição de partículas.

## 4.1 Co-evaporação

As células solares $Cu(In,Ga)Se_2$ de maior eficiência foram obtidas pelo método de co-evaporação [18]. Nesta técnica, os compostos são vaporizados e depositados no substrato. Este processo decorre em condições de alto vácuo e requer temperaturas elevadas do substrato (>500°C). O aspeto mais importante deste método é que a taxa de deposição pode ser controlada, permitindo que as películas tenham uma estrutura homogénea.

Embora a co-evaporação seja a principal tecnologia para depositar películas de alta qualidade em pequenas áreas, apresenta problemas para a produção de células solares em grandes áreas. A necessidade de controlar rigorosamente o fluxo de evaporação de cada elemento resulta em desperdício de materiais e em elevados custos de equipamento. Além disso, a necessidade de altas temperaturas para o crescimento da película limita a seleção de materiais de substrato. [2]

## 4.2 Sputtering

Na técnica de deposição por pulverização catódica, o material é ejectado de uma fonte e depois depositado no substrato. Uma vantagem importante deste método é que mesmo os materiais com pontos de fusão muito elevados podem ser facilmente depositados no substrato. As películas depositadas por pulverização catódica têm uma composição próxima da do material de origem.

Em comparação com a técnica de co-evaporação, a deposição por pulverização catódica tem um rendimento mais elevado. São compostas películas mais uniformes e têm melhor aderência ao substrato do que as películas evaporadas. A estrutura multicamada é produzida na deposição por pulverização catódica e, como resultado, obtém-se uma melhor cristalinidade.

Algumas desvantagens do processo de pulverização catódica são o facto de o processo ser mais difícil porque o caminho que os átomos seguirão durante o processo não pode ser controlado e podem ser obtidas impurezas nas películas crescidas. Além disso, as taxas de reação das camadas são diferentes e podem formar-se fases separadas se a temperatura de reação não for suficientemente elevada ou não for mantida durante tempo suficiente. Estas condições tornam o processo de deposição mais complexo e provocam custos de equipamento elevados. [2]

Foi obtida uma eficiência de 13,5% para células solares de pequena área e uma eficiência superior a 7,5% para módulos de grande área [19].

## 4.3 Deposição de vapor químico

A deposição química de vapor é semelhante às técnicas de co-evaporação e pulverização catódica, no sentido em que a deposição se efectua em fase gasosa. A sua principal diferença em relação aos métodos físicos de deposição de vapor é que a deposição ocorre através de reacções químicas. Num processo típico de deposição de vapor químico, o substrato é exposto a um ou mais compostos vaporizados, que reagem na superfície do substrato para produzir a película fina.

Vantajosamente, as condições de alto vácuo e alta temperatura não são necessárias na deposição química de vapor e, como resultado, o custo de produção é reduzido em comparação com as técnicas de deposição física de vapor. Além disso, podem ser utilizados precursores de várias fontes e podem ser fabricadas películas de grandes áreas. No entanto, devido à dificuldade de controlar a estequiometria dos precursores e a um mecanismo de reação complexo, as películas resultantes não são muito eficientes e esta técnica não é utilizada comercialmente para produzir células solares baseadas em CIS. [2]

## 4.4 Co-eletrodeposição

A co-eletrodeposição é o método de deposição eletroquímica mais simples. Apresenta numerosas vantagens científicas, tecnológicas e económicas [7, 18,20,21, 22]:

- Adequado para a produção de películas uniformes em áreas maiores e para a produção em massa

- A deposição de películas pode ser efectuada em vários tipos de substratos com diferentes formas e feitios

- A deposição efectua-se a baixas temperaturas

- A taxa de deposição é elevada e pode ser facilmente controlada

- É um método não poluente, uma vez que o desperdício de produtos químicos é insignificante

-        O custo de processamento é baixo, uma vez que a eletrodeposição não requer equipamentos e instalações complexos, ao contrário dos sistemas de alto vácuo

-        A relação preço/eficiência é muito boa

Foram obtidas eficiências de até 15,4% pela técnica de eletrodeposição [7].

No entanto, esta técnica continua a sofrer de muitos problemas associados ao controlo da composição química do banho, dos potenciais de deposição aplicados, do pH do eletrólito, dos agentes complexantes, do tempo de deposição e da temperatura de deposição. É crucial controlar estes parâmetros devido à sua influência nas propriedades e na qualidade da película [Electrochemical growth of CuInSe2 thin film on different].

A co-eletrodeposição é um método eletroquímico em que os compostos Cu-In-Ga-Se estão presentes num único banho químico durante a deposição. Este processo, também designado por eletrodeposição num só passo, é o caso mais investigado devido ao facto de envolver apenas um processo eletroquímico. Em oposição à sua simplicidade, o processo eletroquímico torna-se mais complexo, com a possibilidade de formar compostos binários para além da fase desejada $Cu(In,Ga)Se_2$ no filme, tais como $Cu_2Se$, $In_2Se_3$. As películas obtidas encontram-se geralmente no estado amorfo. Para ultrapassar este problema, são aplicados pós-tratamentos térmicos de recozimento a altas temperaturas às películas depositadas. [5, 18, 23]

# CAPÍTULO 5

## 5. PORMENORES EXPERIMENTAIS

### 5.1 Configuração experimental

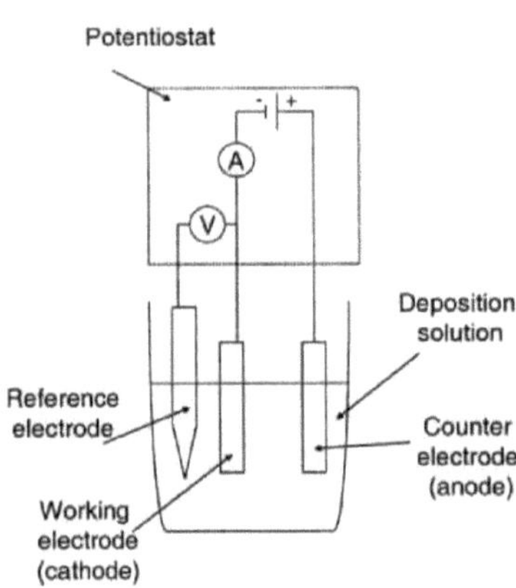


**Figura 5.1**: A configuração de três eléctrodos utilizada na eletrodeposição.

A Figura 5.1 mostra a vista esquemática da configuração de três eléctrodos utilizada na eletrodeposição. O substrato está ligado ao sistema como elétrodo de trabalho, que está ligado à fonte de energia, bem como ao contra-elétrodo, que assegura o fluxo de corrente através do circuito. O terceiro elétrodo é o elétrodo de referência que estabelece o potencial elétrico em relação ao qual podem ser medidos outros potenciais. O potencióstato mede e controla o potencial do elétrodo de trabalho em relação ao elétrodo de referência. [2]

Sobre a célula eletroquímica utilizada nas experiências:

-   Volume de cerca de 50 cm$^3$

-   Parede de vidro com dupla camada

-   O elétrodo de trabalho é colocado no centro

-   2 entradas para Na fluxo de entrada e saída

-   2 entradas para eléctrodos de referência e contra eléctrodos

Os eléctrodos de trabalho utilizados nas experiências foram eléctrodos de vidro revestidos de ITO com uma área de deposição de 1cmx2cm.

O contra-elétrodo era uma gaze de platina com uma área aproximadamente duas vezes superior à do elétrodo de trabalho.

O elétrodo de referência foi o elétrodo de calomelano saturado (SCE). Tem um potencial redox de +0,2444V vs. elétrodo de hidrogénio padrão a 25°C. A reação de elétrodo ocorre entre o mercúrio elementar e o calomelano ($Hg_{(2)}/Cl_2$), que estão em contacto com a solução saturada de cloreto de potássio (KCl). A notação da célula é $Hg/Hg_2Cl_{(2)}/KCl$. A reação do elétrodo é dada da seguinte forma:

$$Hg2^{2+} + 2Cl^{(-) \theta} 2\ Hg2Cl2 \quad (5)$$

## 5.2 Preparação da amostra

O banho de deposição utilizado para a co-eletrodeposição de películas $CuInSe_2$ consistiu em $CuCl_2$, $InCl3$ e $H_2SeO3$. As concentrações molares dos sais individuais em a solução foram: 4mM $CuCl_2$, 2mM-4mM-8mM $InCl_3$ e 4mM-8mM $H_2SeO_3$. Todos os banhos de deposição foram preparados utilizando uma solução tampão de pH 2,2, que é uma mistura de soluções de KCl e HCl. Não foram utilizados agentes complexantes.

Antes da deposição, os substratos de vidro revestidos com ITO foram mantidos num banho de ultra-sons em acetona durante cerca de 5 minutos para limpeza. Foram lavados com água desionizada e secos com gás $N_2$ em fluxo. O contacto óhmico foi obtido através da soldadura de fios de cobre no ITO. O ponto de contacto foi envolvido com Teflon e a área do substrato a ser imerso na solução foi medida como sendo de aproximadamente lx2 $cm^2$.

As películas foram co-electrodepositadas aplicando uma tensão constante de -650mV durante 15 minutos sem agitação. As experiências foram efectuadas à temperatura ambiente.

Após a deposição, as películas depositadas foram lavadas com água desionizada e secas com gás $N_2$ em fluxo. Algumas das películas resultantes foram recozidas a 400θC com gás árgon durante 30 minutos.

# CAPÍTULO 6

## 6. RESULTADOS E CONCLUSÕES

### 6.1 Resultados da espetroscopia

O vidro revestido com ITO foi utilizado como referência nas medições de espetroscopia. A gama de comprimentos de onda foi de 300nm a 1100nm. Os valores do intervalo de banda foram calculados de acordo com a equação **(1.3).**

As concentrações molares dos compostos em cada solução de amostra foram as seguintes

Solução 1: (amostras 1a-1b-1c): 4mM CuCl2, 2mM $InCl_3$, e 8mM $H_2SeO_3$.

Solução 2: (amostras 2a-2b-2c): 4mM $CuCl_2$, 4mM $InCl_3$, e 8mM $H_2SeO_3$.

Solução 3: (amostras 3a-3b-3c): 4mM $CuCl_2$, 4mM $InCl_3$, e 4mM $H_2SeO_3$.

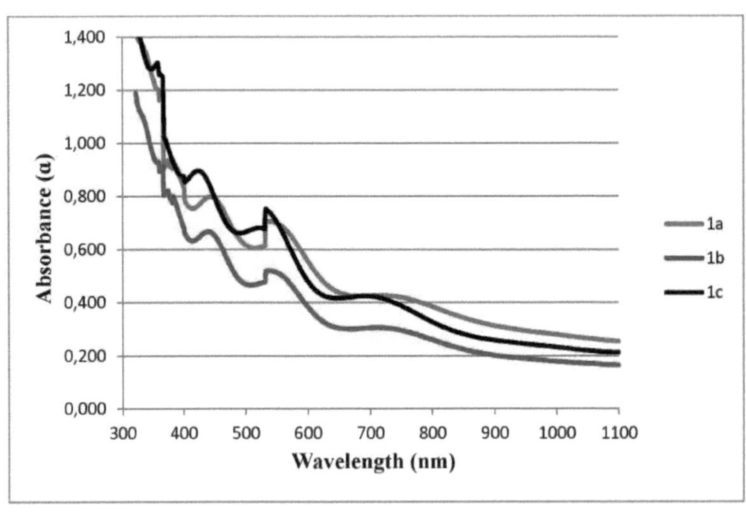

**Figura 6.1:** Absorvância ótica (a) vs. comprimento de onda (nm)

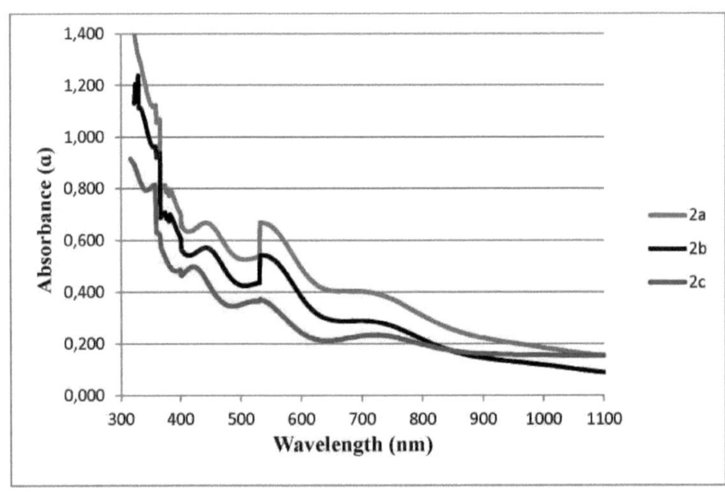

**Figura 6.2:** Absorvância ótica (a) vs. comprimento de onda (nm)

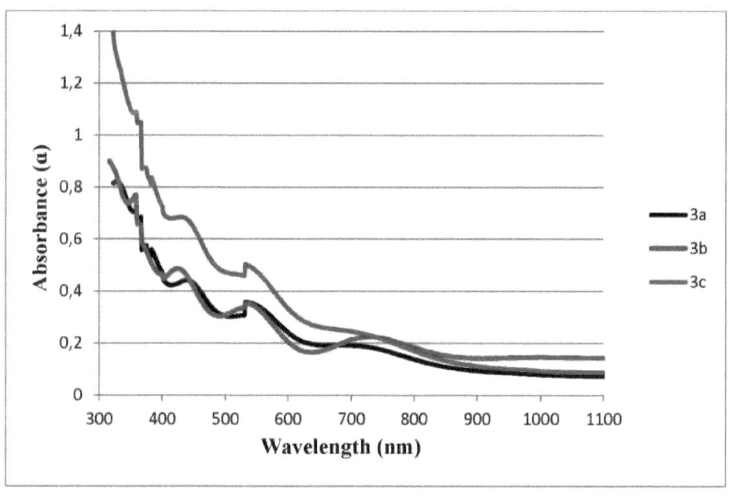

**Figura 6.3:** Absorvância ótica (a) vs. comprimento de onda (nm)

As figuras 6.1, 6.2 e 6.3 mostram a variação da absorção das películas finas de CIS co-electrodepositadas com o comprimento de onda.

A partir dos gráficos, verifica-se que as amostras electrodepositadas na solução com as mesmas concentrações molares apresentam valores de absorção semelhantes.

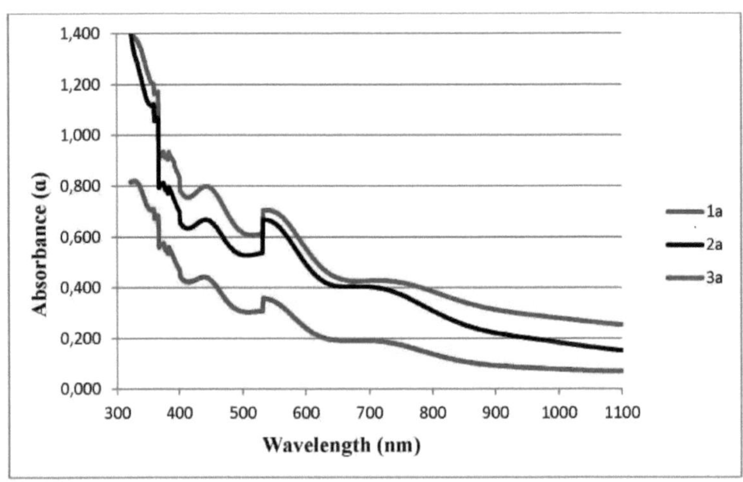

**Figura 6.4:** Absorvância ótica (a) vs. comprimento de onda (nm)

A Figura 6.4 mostra a variação da absorção de filmes finos de CIS co-electrodepositados com o comprimento de onda para diferentes amostras preparadas em soluções com diferentes concentrações molares.

À medida que o rácio Cu+In/Se aumenta, o valor de absorção diminui. A absorção mais elevada é obtida pela amostra 1a, preparada a partir da solução 4mM CuCl2, 2mM InCl3 e 8mM H2SeO3, mas outras amostras também apresentam valores semelhantes.

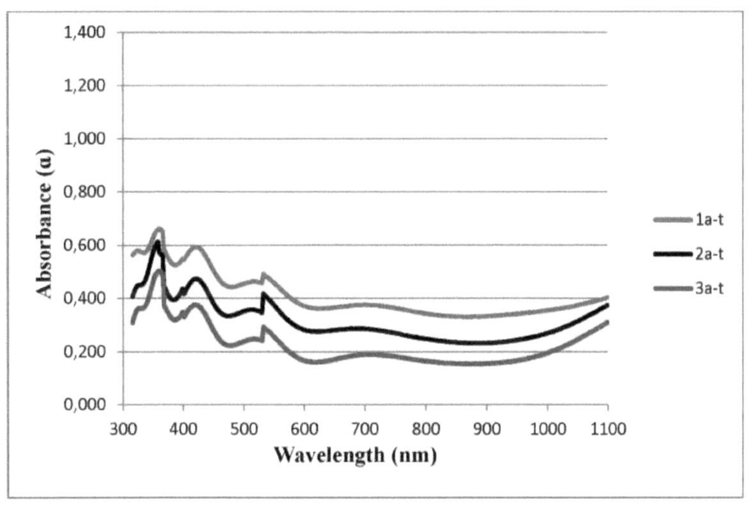


**Figura 6.5:** Absorvância ótica (a) vs. comprimento de onda (nm) após

recozimento

A Figura 6.5 mostra a variação da absorção das películas finas de CIS recozidas com o comprimento de onda.

Os rácios Cu/In e Cu+In/Se indicam a estequiometria das películas. Nas figuras 6.4 e 6.5, à medida que a razão Cu/In diminui e a razão Cu+In/Se aumenta, verifica-se que os fotões mais energizados são mais absorvidos. Além disso, a figura 6.5 mostra que há uma absorção adicional perto da região do infravermelho. Isto pode dever-se a estados de impureza (fases indesejadas como $Cu_2Se$, In2Se3) formadas durante o processo de co-eletrodeposição.

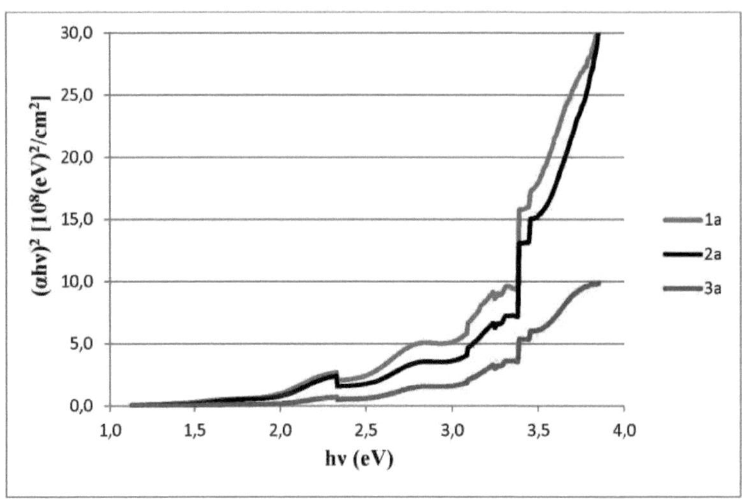


**Figura 6.6:** $(\alpha h v)^2$ vs. hv

A Figura 6.6 mostra o gráfico de (ahv)2 vs. hv. A natureza linear do gráfico perto da gama de energia mais elevada indica que as películas têm intervalos de banda diretos [20].

Extrapolando o ajuste linear dos gráficos para o eixo da energia em $\alpha=0$, obtêm-se os valores do intervalo de banda das películas. Os valores do intervalo de banda das películas são

$E_{ia}=1,44eV$, $E_{2a}=1,40eV$, $E_{3a}=1,44eV$, antes do recozimento, e

$E_{1a\text{-}t}=1,21eV$, $E_{2a\text{-}t}=1,10eV$, $E_{3a\text{.}t}=1,08eV$, após recozimento.

Os valores mostram que à medida que o rácio Cu/In aumenta e o rácio Cu+In/Se diminui, o valor do intervalo de banda aumenta. Os valores para películas recozidas são consistentes com os resultados apresentados em artigos de referência.

## 6.2 Resultados XRD

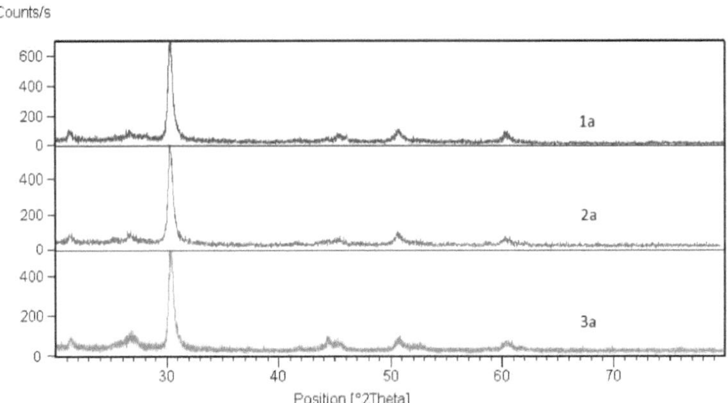

**Figura 6.7:** Padrões de XRD das películas CIS

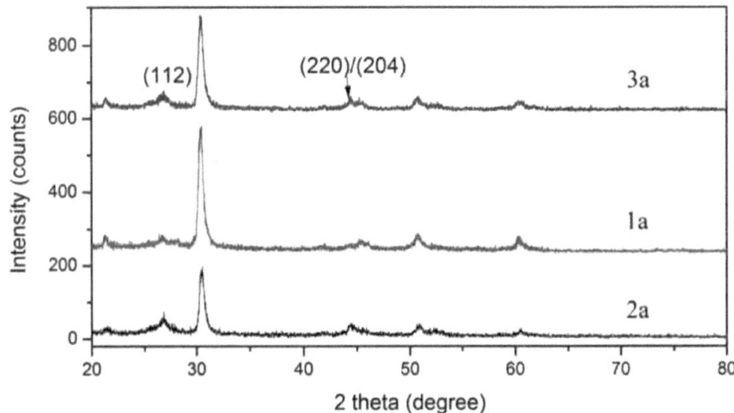

**Figura 6.8:** Padrões de XRD das películas CIS

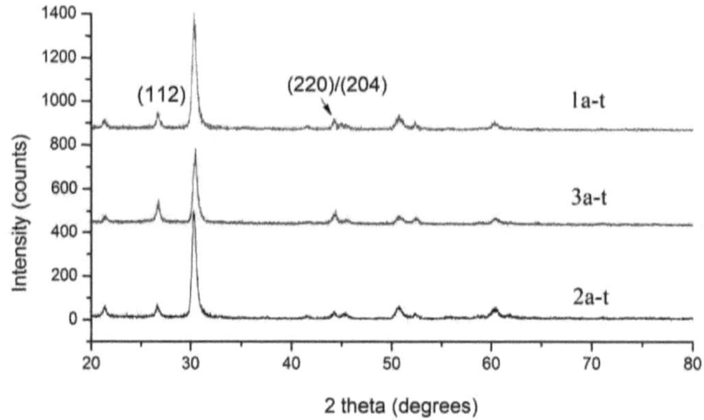


**Figura 6.9:** Padrões XRD das películas CIS recozidas a 4OO°C durante 30 min.

As Figuras 6.7 e 6.8 mostram os resultados de XRD dos filmes antes do recozimento. Os picos a 26,7°, 44,4°, 52,5° correspondentes à difração dos planos (112), (220)/(204) e (116)/(312) confirmam a estrutura CIS. Os resultados indicam que os filmes possuem estrutura de calcopirita. O pico mais intenso observado no gráfico é devido ao ITO.

A figura 6.9 mostra os resultados de XRD das películas após o recozimento. Verifica-se uma melhoria significativa da cristalinidade entre os dois gráficos (figuras 6.8 e 6.9).

**6.3 Resultados EDS**

**Tabela 6.1: Resultados EDS em percentagem atómica.**

|          | O     | Si   | Cu   | Se   | In    | Sn   |
|----------|-------|------|------|------|-------|------|
| ITO-glass | 67.45 | 3.64 |      |      | 26.39 | 2.52 |
| 1-a      | 60.80 | 2.71 | 1.76 | 4.82 | 27.26 | 2.65 |
| 2-a      | 60.87 | 4.03 | 1.79 | 3.33 | 27.58 | 2.41 |
| 3-a      | 56.58 | 3.15 | 1.75 | 5.64 | 29.98 | 2.90 |

**Tabela 6.2: Resultados EDS em percentagem atómica para amostras recozidas.**

|       | O     | Si   | Cu   | Se    | In    | Sn   |
|-------|-------|------|------|-------|-------|------|
| 1a-t  | 38.71 | 3.50 | 3.72 | 18.55 | 33.36 | 2.15 |
| 2a-t  | 45.20 | 2.79 | 3.28 | 12.74 | 33.94 | 2.06 |
| 3a-t  | 50.58 | 3.96 | 3.26 | 8.64  | 31.05 | 2.51 |

**Tabela 6.3: Razões Cu/In e (Cu+In)/Se dos filmes.**

|       | Cu/In | (Cu+In)/Se |
|-------|-------|------------|
| 1-a   | 0.065 | **6.021**  |
| 2-a   | 0.065 | **8.820**  |
| 3-a   | 0.058 | **5.626**  |
| 1a-t  | 0.112 | **1.999**  |
| 2a-t  | 0.097 | **2.922**  |
| 3a-t  | **0.105** | **3.971** |

Os resultados de EDS nas tabelas 6.1, 6.2 e 6.3 mostram as composições químicas e Cu/In e (Cu+In)/Se dos filmes antes e após os tratamentos de recozimento.

Pode concluir-se que os tratamentos de recozimento ajudam a melhorar a estequiometria das películas. Além disso, verifica-se que as soluções 4mM $CuCl_2$, 2mM $InCl_3$ e 8mM $H_2SeO_3$ dão melhores resultados em termos de percentagem atómica.

## 6.4 Resultados do SEM

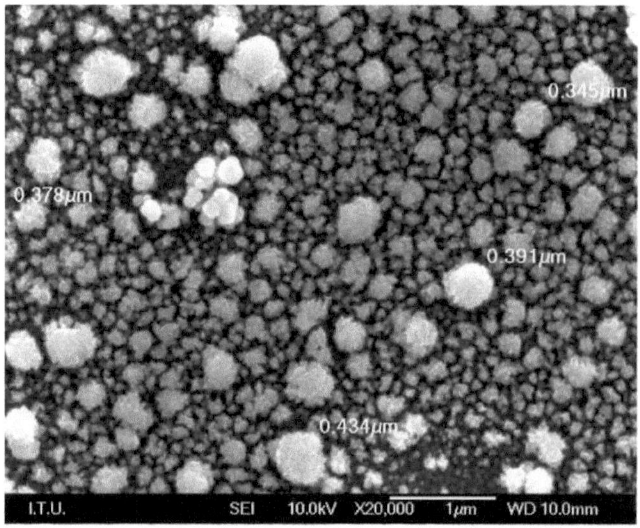


**Figura 6.10:** Imagem SEM da amostra 1a

**Figura 6.11:** Imagem SEM da amostra 2a

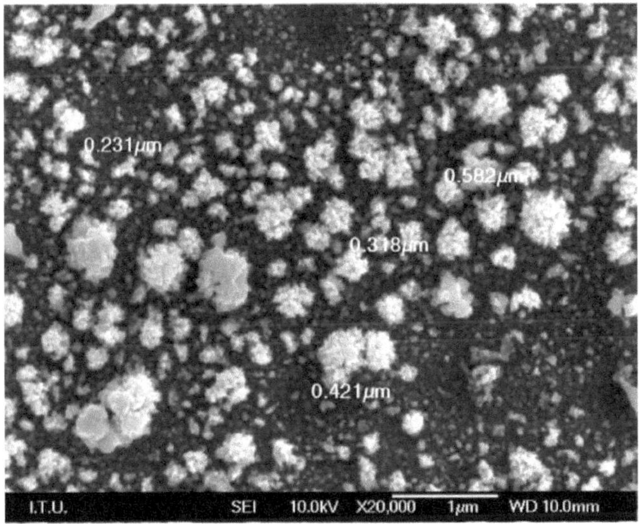


**Figura 6.12:** Imagem SEM da amostra 3a

As Figuras 6.10, 6.11 e 6.12 mostram as imagens SEM com ampliação (x

20.000) para as amostras 1a, 2a e 3a, respetivamente.

As composições gerais dos três substratos são semelhantes entre si. Os tamanhos dos grãos são pequenos e variam de ~200nm a ~600nm. As amostras não são lisas ou homogéneas, mas a morfologia é mais compacta e o tamanho do grão é maior na amostra 1a, à medida que a relação Cu/In aumenta.

## 6.5 Conclusão

Neste estudo, foram analisados substratos de vidro ITO electrodepositados com CIS. Foram examinados os efeitos e a importância de diferentes concentrações molares de sais no banho de eletrodeposição e no recozimento para melhorar as células solares CIS preparadas electroquimicamente.

Os resultados da espetroscopia, da difração de raios X, da espetroscopia de energia dispersiva e da microscopia eletrónica de varrimento mostram que as amostras 1a, 1b e 1c obtêm uma maior absorção, um melhor valor de intervalo de banda, um tamanho de grão maior, uma estrutura mais compacta e uma melhor estequiometria; assim, pode concluir-se que a concentração molar de sais na solução 1, que inclui 4 mM CuCl2, 2 mM InCl3 e 8 mM H2SeO3, dá os melhores resultados.

Os resultados também indicam que o recozimento é um passo importante para a preparação de filmes CIS. As amostras recozidas apresentam melhores valores de band-gap e melhor cristalinidade quando comparadas com os resultados das amostras não recozidas.

Este estudo mostra que a eletrodeposição é uma forma poderosa de produzir películas finas de CIS. Esta técnica é fácil de realizar experiências no laboratório da universidade. É um processo rápido para obter resultados rápidos, além de ser barato e seguro.

No entanto, deve ser investigada uma maior variedade de estruturas com diferentes parâmetros para obter melhores resultados em termos de composição e morfologia. A temperatura pode ser controlada para obter resultados mais fiáveis para comparação. E podem ser utilizados agentes complexantes para alterar os potenciais de deposição dos sais.

# REFERÊNCIAS

[1] **N.S. Lewis,** 2005, Basic Research Needs for Solar Energy Utilization, Report on the Basic Energy Sciences Workshop on Solar Energy Utilization, U.S. Department ofEnergy Office ofBasic Energy Sciences.

[2] **Marianna Kemell, Mikko Ritala, e Markku Leskela,** 2005, Thin Film Deposition Methods for $CuInSe_2$ Solar Cells, *Critical Reviews in Solid State and Materials Sciences*, 30:1-31.

[3] **Armin G. Aberle,** 2009, *Thin Solid Films,* 517, 4706-4710.

[4] **F Kang, J P Ao, G Z Sun, Q He e Y Sun,** 2009, *Semicond. Sci. Technol.* 24, 075015.

[5] **Xia Donglin, Xu Man, Li Jianzhuang, Zhao Xiujian,** 2006, *J Mater Sci* 41, 1875-1878.

[6] **T. P. Gujar,a V. R. Shinde, Jong-Won Park, Hyun Kyung Lee, Kwang-Deog Jung e Oh-Shim Joo,** 2009, *Journal of The Electrochemical Society,* 156 (1)E8-E12.

[7] **R.N. Bhattacharya, J.F. Hiltner, W. Batchelor, M.A. Contreras, R.N. Noufi, J.R. Sites,** 2000, *Thin Solid Films,* 361-362, 396-399.

[8] **D.M. Chapin, C.S. Fuller, G.L. Pearson,** 1954, *J. Appl. Phys.* 25, 676-677.

[9]  Martin A. Green, 2009, *Prog. Photovolt: Res. Appl.* 17:183-189.

[10] S. Guha, 2005, *Proc. 31st IEEE PVSC*, Lake Buena Vista, FL, 12-16.

[11] A. J. Breeze, 2008, Next Generation Thin-Film Solar Cells, *Simpósio de Física da Fiabilidade,* 168-171.

[12] B. Dimmler, M. Powalla, R. Schaeffler, 2005, *Proc. 31st IEEE PVSC,* Lake BuenaVista, FL, 189-194.

[13] Kasturi L. Chopra, Suhit Ranjan Das, 1983, *Thin Film Solar Cells,* Plenum Press.

[14] L. L. Kerr, S. S. Li, S. W. Johnston, T. J. Anderson, O. D. Crisalle, W. K. Kim, J. Abushama, R. N. Noufi, 2004, *Solid-State Electronics* 48, 1579-1586.

[15] A.M. Hermanna, C. Gonzaleza, P.A. Ramakrishnan, D. Balzar, N. Popa, P. Rice, C.H. Marshall, J.N. Hilfiker, T. Tiwald, P.J. Sebastian, M.E. Calixto, R.N. Bhattacharya, 2001, *Solar Energy Materials & Solar Cells70,* 345-361

[16] R. Friedfeld, R.P. Rafaelle, J.G. Mantovani, 1999, *Solar Energy Materials & Solar Cells* 58, 375-385.

[17] C.A.D. Rincon, E. Hernandez, M.I. Alonso, M. Garriga, S.M. Wasim, C. Rincon e M. Leon, 2001, *Materials Chemistry and Physics*, 70, 300.

[18] D. Lincot, J.F. Guillemoles, S. Taunier, D. Guimard, J. Sicx-Kurdi,

A. Chaumont, O. Roussel, O. Ramdani, C. Hubert, J.P. Fauvarque, N. Bodereau, L. Parissi, P. Panheleux, P. Fanouillere, N. Naghavi, P.P. Grand, M. Benfarah, P. Mogensen, O. Kerrec, 2004, *Solar Energy* 77, 725-737.

[19] N.G. Dhere, 2007, *Solar Energy Materials & Solar Cells*, 91, 1376.

[20] Soon Hyung Kang, Yu-Kyung Kim, Don-Soo Choi, Yung-Eun Sung, 2006, *Electrochimica Ata* 51, 4433-4438.

[21] A.M. Fernandez, M.E. Calixto, P.J. Sebastian, S.A. Gamboa, A.M. Hermann, R.N. Noufi, 1998, *Solar Energy Materials and Solar Cells* 52 423-431.

[22] M. Burada, V. Soare, D. MitricA, C. P. Lungu, V. Ghenescu, L. Ion, 2009, *METALURGIA INTERNATIONAL* vol. XIV special issue no. 3, 193196.

[23] P.J. Sebastião, M.E. Calixto, R.N. Bhattacharya, Rommel Noufi, 1999, *Solar Energy Materials & Solar Cells* 59, 125-135

[24] S. Carroll, M.M. Marei, T.J. Roussel, R.S. Keynton, R.P. Baldwin, 2011, *Sensors and Actuators B: Chemical*, 160, 318.

Printed by Books on Demand GmbH, Norderstedt / Germany